正面微笑 悄悄反擊

不受傷才能快樂工作

金孝恩 著

江仁晶 繪

陳聖薇 譯

2

上班路上，想著今天要做什麼，
午餐的時候，煩惱午餐要吃什麼，
下班時間即將到來，想著可以準時下班嗎？
在辦公室的時候，只要想著這三件事情就夠了。

公司成員

趙永伊

20歲後半、女
半新不舊員工
被老鳥怎樣時會報復回去的個性

具代表

50幾歲、男
表面看起來很紳士、
內心卻是個陰險的人

趙 常務

五十歲、男
毫不避諱的老鳥，會讓人覺得是
在跟牆壁說話一樣，完全沒聽他
人說話，暱稱為「牆壁常務」。

洪科長

30歲後半、男
對強者弱、對弱者強典型的
奉承王

金科長

30歲後半、女
工作能力強的職業婦女
原則是，在公司就是工作

陳代理

30出頭、女
在後輩面前愛面子的年輕老鳥

花兒小姐

20歲中段、女
因為資歷最淺
常常被要求做一些雜事

日萬先生

20歲後半
唯一的一位影片編輯
事一多就會常加班

前言
為什麼常常要被這樣對待？

　　「三憂室」是從一個疑問開頭的系列創作，不論是電影、連續劇或是網路漫畫，我們很少見到身為上班族的主角會很爽快地說出心中想說的話，總是因為是新人、因為是後輩、因為年紀小、因為經歷少，所以面對那些事情的時候，都選擇順從地隱忍、理所當然的接受。是的，現實是如此，過去的我也曾經是這樣。

　　我是帶著「不會再有人像我一樣，從錯誤中學習」的心態，開啟本書「三憂室」這系列的作品，或許有人會說：「現實中，像永伊一樣這樣做的人，肯定會被列入黑名單！」但是我反而希望被列入黑名單的人越多越好。我認為，當「那個人是怎麼回事」的提問，

轉變成「那群人是怎麼回事」的時候，甲方的錯誤就能一一浮現，乙方的主張就能獲得更大的力量。

　　沒有人生來就上手，老鳥都是被訓練出來的，特別是有權力的那個位置，最會製造老鳥。邊寫邊畫「三憂室」系列的我，可以跟你保證：「我以後絕對不會成為那樣的上司！」

目次

CH.2 老鳥鑑別書

CH.3 可以敏感一點

CH.4 職場生活護身術

CH.5 想說的話，就說吧！

我的人生，
我要走我的路
CH.1

面試

薪水多少就做多少事

公司代表月薪
也拿四萬二嗎？

你看起來就
是一位誠實
、努力的人

應該是要說
可能會加班

一定可以
認真工作對嗎？

是！
我會認真用心的工作！

薪水多少
就做多少。

第一天上班
就帶攜帶式隔板去吧！

牙刷、牙膏

濕紙巾

滑鼠墊

各種維他命

紅茶

護手霜、保濕噴霧、唇膏

毯子

筆記工具

保護膜

室內拖鞋

馬克杯

凡士林

攜帶用隔板

自製隔板

比隔板更強的事

新聞中心（newsroom）沒有隔板這個東西，我剛進公司的時候也不覺得不方便，可是常常會有那種「自製隔板」的情況，就是用書一本本往上疊高、或是用雜物圍成城牆般的牆；也有那種從一個盆栽開始，最後不經意地完成「環保（綠化）隔板」。

本書中的主角「永伊」，一直苦惱著第一天上班要帶什麼，最後想起這個攜帶式隔板。不過我還真因為這個隔板出現過一次「笑翻」的場面，那是一次與讀者見面的場合，有一位讀者突然以慎重的態度，提出這個問題。

請問作家，那個隔板可以在哪邊買到？

打招呼

冷靜地回應沒有禮貌的人

這位是今天新來的「趙永伊小姐」，跟大家打個招呼吧！

請各位多多指教。

我們公司的女員工,好像都是看臉蛋選進來的一樣。

哈哈哈

整個辦公室風景超美的

哈哈，花兒小姐這下要被比下去了，不過沒關係，我還是喜歡花兒小姐泡的咖啡，我的咖啡就繼續麻煩花兒小姐囉～

哈 哈 哈 哈

兩年前另一間公司

哈 哈 哈 哈

我好像一直待在同一間公司一樣？

那間公司的女職員
都是因為臉蛋選進來的？

那年，我剛轉到國會線記者，在國會議員會館忙著向各處打招呼時，一位助理因為認識我們公司女記者，所以也很熱情地歡迎我，正當我用開心的心情想與他繼續對話之際，他突然前言不搭後語的說了句：

那間公司的女記者都是看臉蛋選的吧！哈哈哈！！！

不是說「採訪能力好」、也不是說「報導寫得好」，說什麼「看臉蛋選的」！我真想回嘴：「是看能力選的！」但因為沒有掌握好整個情況，所以我只能訕笑看著他嘴巴開開闔闔，那傢伙大概以為這句話是讚美吧。

原本想要讓人笑的話，瞬間能殺死人，反而讓彼此的關係越來越怪，當時的我是個「膽小鬼」，所以只能笑著帶過，然而，他卻以為這樣的玩笑話可以繼續下去沒關係。因而讓我每次遇到新的人時，都會努力不讓新人受傷，盡力管理好自己該說跟不該說的話。畢竟帶人要帶心，才能讓好的關係持續下去，所以當一個陌生人毫無魅力的用外貌評斷你時，就這樣回應：

　　最近，好像初次見面就先讚美外貌的行為，是非常沒有禮貌的吧，哈哈哈！

我先下班

我說我要去地鐵站,沒說要一起撐雨傘。

洗杯子
不是新人該做的事

啊！前輩，這個讓我來做！

啊！我不是前輩，我也上個月剛來而已。

連其他人的杯子都要一起洗嗎？

TIP.三秒內完成洗杯子的方法

就只用清水沖過,哪裡好?

自己的杯子自己洗

　　早上八點五十分，她一定會出現在洗手間，身旁的托盤上擺放著滿滿的馬克杯們，她用那雙沒有戴洗碗手套的纖纖玉手、擠壓清潔劑，一杯杯的開始清洗起那些馬克杯，她肯定是隔壁公司的新人。在她到職的前幾個月，曾經「也有另一個她」做著相同洗杯子的工作。明明工作合約上就沒有載明「洗杯子」這個業務，為什麼洗杯子這個工作總是新人、或是女生的份內工作呢？邊洗著這些杯子，會不會邊想著，我是為了洗杯子進公司嗎？我為可能會自行慚愧的她們感到惋惜。「自己的杯子自己洗」，若能樹立這個原則的話，大家都會很輕鬆，也能提高工作效率不是嗎？

　　每間公司都會有「新人業務」潛規則，前後輩制度的職業，更會公告新人必須做的工作範圍，但上司不能因為這樣，就把自己該做的事情塞給新人；而一個不小心，你就永遠是新人了。

午餐
拿多少薪水做多少事

那我先去吃飯了。

搞什麼～還在工作？

永伊小姐吃飽了嗎？

是～當然吃了。

坐我對面那個男生看起來很忙的感覺，連午餐都沒有吃耶。

因為影片編輯的工作只有日萬先生一個人所以很忙吧。

喔，是喔？

我就拿多少薪水做多少事捏！

29

月薪多少就做多少事情，
有什麼問題？

　　我當實習記者時期，很常搭計程車，一天就要來回跑四趟左右、走四間警局，為了要第一時間抵達，最快的方式就是搭計程車，我的月薪幾乎都花在計程車上（因為還沒成為正式員工，薪水相對的非常少），收支不平衡的情況維持了四個月左右。就在我幾乎開始認為「這是壓榨！壓榨！」前，實習制度被廢止了。諷刺的是，那些允許自己被勞動壓榨的人，卻被評價為具有記者精神，可以成為真正的記者；好險，近來公司會補助實習記者部分的交通費用（雖然還是不到可以喘口氣的地步）。

　　在全州擔任市區公車司機的許赫先生，用其親身經歷寫下的《我只是個公車司機》（註1）一書中，提及市區公車的司機們必須額外

打工才能補足不夠用的生活費。而作者勸諫他們不要忙於打工，因為若把低薪當成個人問題的話，距離獲得應得報酬的那一天，只會越來越遙遠。他提供的方式就是為了提高到合理薪水而戰，不論哪種工作，老闆基本上會先否決調漲薪水，若是這樣，那我們能做的最基本的抵抗，就是拿多少錢、做多少事。月薪一百萬做兩百萬的工作，一點都不合理不是嗎？不要說什麼沒熱情、沒職業道德，你不需要被那種態度所牽絆。拿多少錢，就做多少事（要不，就給合理的報酬）。

註 1　許赫《我只是個公車司機》，suobook（2018.5）

Workshop1
上司請直說

既然永伊小姐剛來到公司，那請你試著計畫一下我們這次Workshop的場所跟活動文案，找個既可以Workshop、又可以適當玩樂的地方。

好的，我明白。

A、OO度假別墅	B、OO度假別墅	C、OO度假別墅
總預算 24,000元	總預算21,000元	13:00 住宿
13:00 抵達住宿點	13:00 抵達住宿點	14:00 小型
14:00 生存遊戲	14:00 越野摩托車	16:00 到
16:00 騎馬體驗	16:00 團康活動	18:00 晚餐
18:00 晚餐	18:00 晚餐	

我選了三個地點。

再找其他的看看。

幾個小時後

…直說不是很好嗎？浪費我的時間。

我們上司是「答定」
（答案已經決定好了，回答就好）

　　社長要我計畫兩天一夜的 Workshop 活動，我選了一個有烤肉設備、又可以泛舟的住宿點，並向社長呈報。可是社長老是要我再多看看、多找找，最後社長親自決定住宿點。直到抵達了住宿點，我才明白為什麼我的提案不斷被否決。那個住宿點就是一個便宜的民宿啊！那時我才恍然大悟「公司的錢＝社長的錢」這回事。一開始要我選便宜的住宿點不就得了？真是白費我的功夫，呼。

　　曾經在中小企業上班的 A 氏的故事。

Workshop2
可以結束了嗎？

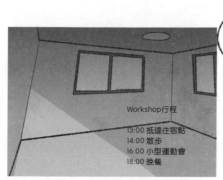

Workshop行程

13:00 抵達住宿點
14:00 散步
16:00 小型運動會
18:00 晚餐

往後線上買家的行銷市場會更激烈，所以我們必須有更獨特的內容才能繼續生存下去。

很好、很好

點頭
點頭
點頭
點頭
嗖

已經五個小時了。就不能結束放我們去吃晚餐嗎？

ㄇ…ㄉ…

Workshop3
腮紅擋酒術

幾個小時後

啊!永伊小姐
還好嗎?

我剛剛稍微醒醒酒,
現在應該沒關係了吧!

覺得累的話,先躺一下,
你不太會喝酒的樣子,
臉好紅啊~

可…可以嗎?
那我先去躺一下,
馬上回來。

閃酒的護身術

　　我不太喜歡喝酒，也不相信什麼一起喝酒就會熟起來這種傳說，我認為關係要依靠真心的對話，所以，我無法適應新進公司就被強迫喝酒的公司聚餐文化。因為是第一杯所以要乾杯、因為是新人所以要乾一杯、大家都喝了你不喝會破壞氣氛所以要再乾一杯，這種以各式各樣的理由不斷地要求乾杯的行為。最討厭的就是共享他人口水這件事情，在 MERS 爆發之前，普遍都沒有衛生觀念時，做炸彈酒會有「主杯」，接著就會依序不斷混合，我不喜歡那樣，都會想辦法在我的杯子裡放大蒜、或是紅蘿蔔這類的（總之就是手邊可以抓到的蔬菜）記號。

　　這是誰的杯子啊？是誰放大蒜到杯子裡？
　　啊！那是我的，我想說既然這樣的話，就想喝點健康的大蒜酒。

喔？那我也來放看看？（啊！不要啊啊啊）

　　因為不喜歡喝酒，所以必須要有適當的護身術。準備好幾個水杯或是啤酒杯，藏在桌子下面，當大夥喊乾杯、以波浪方式一個個乾杯後，假裝喝、再把含在嘴裡的酒吐到水杯裡；去烤肉店的時候，一定要點冷麵，不是因為我喜歡吃冷麵，而是沒有比冷麵碗更方便吐酒的容器。但若每次都用同一種方式，很容易被拆穿，所以要隨著場合變換護身的方式，像是可能只有一點點醉意，但要表現得像喝醉一樣，或者是假裝天生不會喝酒說：「我去醒醒酒，馬上回來！」有一次，我被一位明眼人前輩抓到：

你的臉根本都沒紅，是不是白賊啊？

啊？沒……（晃）沒……（搖）有……（搖晃）呀。

後續，還會分享許多新的護身術！然後，我想起一個在 Workshop 少喝一點酒的方法的小插曲，那應該是「三憂室」繪圖作者仁晶小姐突然說了一個經驗的樣子。

我去化妝室補妝，將粉撲抹上紅色唇膏，輕拍自己的雙頰，讓自己的臉頰變紅，再將殘留的唇膏抹在脖子上。然後我回到座位後，所有人都叫我不要喝了。

……好吧！我輸了。

Meat&Run

吃點肉再跑

我們聚餐吧

一個都不要跑

很忙？那來吃點肉就讓你走

好的，那就遵照您說的做？

下班時間1
準時下班不需要帶著歉意

這是競爭對手的目錄，查詢、整理一下現在這幾天公司有什麼活動。

現在五點半了耶…

噠 噠 噠

嗖

是去買宵夜嗎？

是怎樣，怎麼還不回來？

皺眉頭

噠噠 噠噠

下班的地鐵上

44

看臉色的遊戲

明明工作都做完了，為什麼大家都不回家咧？

明明是該下班的時間，為什麼我還要看別人的臉色呢？

　　這是線上聊天室常見的抱怨。好似每間公司在六點左右，就一定會出現看臉色的遊戲，每個人都在期望誰可以先起身，卻沒有人有膽在這個臉色遊戲中痛快地喊出「1」，所以我總是只能感謝六點一到就準時下班的上司。但沒想到，我也能聽到一句「謝謝」，那是「三憂室」的繪圖作者仁晶小姐，在進公司一段時間之後這樣對我說：

剛進公司的那段時間，我超級感謝前輩的那些簡訊。

我記得大概是這樣的內容。

「仁晶啊～六點了，下班吧！」

（正在針對案子討論時）「喔？六點了啊！明天再繼續，掰掰～」

下班時間2
只要工作能完成，就有資格準時下班

您是說競爭對手的活動整理嗎？中午前會給您。

永伊小姐，昨天交代的都整理好了嗎？

昨天沒有做完就下班了？

那案子很重要！
怎麼可以沒熬夜完成！
要是因為永伊小姐開會出問題的話
誰要負責任？還有…

永伊小姐，昨天交代的都整理好了嗎？

您是說競爭對手的活動整理嗎？

都整理好了，請過目。

如果沒有別的交代事項，我可以做我的工作了嗎？

前一天快要下班之際

沒把前公司的檔案刪掉真是太棒了。嘻嘻

職場內的霸凌

　　就在我快要脫離新手記者稚氣之際，發生了一件被孤立霸凌的事情。是一位同部門、但駐守點不同的前輩，前輩負責 A 點、我負責 B 點，光是自己該做的工作就已經夠忙了的那個時期，這位前輩卻常常將他的業務丟給我。

　　打電話給 A 的相關人員，要一點報導可以引用的文句。
　　找出 A 的相關人員的記者會錄音檔案，編輯好傳給我。

　　所以我不僅要打電話給 A 的相關人員，要一點報導可以引用的文句、找出 A 的相關人員的記者會錄音檔案做編輯；同時也要打電話給 B 的相關人員，要一點報導可以引用的文句、找出 B 的相關人員的記者會錄音檔案做編輯，同時承受兩種痛苦⋯⋯

　　忍到有一天，我回嘴頂撞了那位前輩之後，問題就此產生。
　　前輩，我今天要完成明天一早的報導，所以今天可能沒辦法幫您做。

雖然預想得到前輩會瞪大雙眼，但我沒想到這場地震會演變成海嘯，接下來就出現我很沒有家教的傳聞，還有假裝打來要問情況，結果卻是來指責身為後輩的我的電話。我真的是陷入四面楚歌的狀態，整個場面越冷淡，對我很不利，所以我打給我認為跟我較熟的前輩，請他給我建議。

　　我要怎麼做，那位前輩的氣才會消呢？
　　就給他「呼呼秀秀」就好，那種人就是要不斷讚美說他很厲害、很厲害、很棒，也沒有其他辦法了。

　　我馬上屈服了，我以謙卑的態度，不斷地說著平時就很感嘆前輩的採訪能力、跟報導的內容，前輩的嘴角馬上露出滿意的笑容。當時的我，並不知道我所承受的這些事情就是「霸凌」，是在許久之後才知道；後輩要無條件順從前輩的這種師徒制教育的藥效，到此也差不多該退了。

　　而這一類的經驗談我會越說越長，也是因為有相同煩惱的上班族真的非常多。根據二〇一八年二月韓國「國家人權委員會」（註2）的問卷調查顯示，上班族之中十位有七位曾經在職場被霸凌，其中有百分之六十的人，就此關係變差、或是無法找出有效的改善之道。最理想的情況，是用對話化解，然而沒有改善的時間、或者情況越

變越嚴重時，就需要向有關機關提出申請。向勞動部或是人權委提出申請，該機關會糾正歧視行為，並提供刑事或是民事訴訟的救濟管道。

然而，對於現實中的未生們（註 3）來說，法律程序只能是最後的堡壘，所以他們第一不會屈服於局面，找出加害者要的是什麼（像是需要人呼呼秀秀、或者就是討厭你之類的），針對這部份的處理為主。如果單純對話難以解決的話，就會參考公益團體提供的「職場作威作福 119」的「作威作福應對手冊」（註 4）。每天寫職場日記、錄下受害的對話內容，以累積證據。千萬不要自己一個人承受這些事情，要告訴同事受害的情況，一起討論解決方案，如果需要專家協助的話，職場作威作福 119 這類的諮詢團體，都會提供這樣的服務，因此請務必應用這些資訊。

註 2　「韓國社會職場霸凌狀況」，國家人權委員會 (2018.2)
註 3　未生為韓國的圍棋術語，意指尚在棋盤中的棋子，延伸形容在職場上求生存的族群。
註 4　「大韓民國作威作福王」等，職場作威作福 119 (2018.5)

老鳥鑑別書

CH.2

培養精神肌肉

老的話，會死，身體會漸漸衰弱、然後走向死亡。人類為了避免死亡，會鍛鍊身體，盡量讓自己延後死亡的時間。三十歲左右，為了延緩身體老化，開始會去健身房運動（對啦，就是說我）。但有一種肌肉是健身房練不出來的，那就是精神肌肉。至今十年左右的職場經驗，我看過很多沒有鍛鍊精神肌肉的人。

我做過我知道……

話說我們那時候……

用這種話當起手式的人，就是沒有訓練腦子，是陷在僵硬機器化行為的人，他們腦部充滿刻板印象，沒有接收新觀念的空間。舉例來說，「話說我們那時候」乍聽之下，看似完美（？）的在瞬間壓制我們，是合理、正確的指責。我們來看看下列幾種例子。

話說我們那時候啊，前輩只要吩咐我們都會照做

（翻譯蒟蒻：哪裡來的膽子頂嘴？還不快做？）

話說我們那時候啊，都不敢回家只能睡公司

（翻譯蒟蒻：你敢不去公司聚餐試試看！今天至少會跑三攤，做好準備！）

所謂的經驗，是要將經驗用在累積組織前進的動力。一位讓後輩願意跟隨的前輩，自會有前輩的光芒。但不論是多好的前輩，若只會堅持自己的經驗談，就會瞬間變成討人厭的老鳥。此時，會有一些顯見的情況，當「以前」這一類的話語，成為該位前輩的日常用語，就可以當作是該位前輩變身的開始也無妨。若自己身為前輩，也可以好好檢視自己。看著後輩，就會脫口而出「近來」、「現在」為開頭的人也不少，容易讓會議室充滿「以前」跟「現在」的對峙場面。有時維持平行線，各跑各的情況也不少，而好的前輩能夠在此時，找出兩個路線的交會點，若當最後不是用「以前」，而是把自己當主語說出「話說我們那時候」，你就要有心理準備，這位前輩是已經變身成功，成為老鳥怪物了。

小說家金衍洙老師在《小說家的工作》（註 5）一書中，公開他想成為一位到老還是會開玩笑的老爺爺的訣竅。每一天，都要有意識地丟出三次玩笑，四十年反覆練習之下，依據神經可塑性的概念，反覆的經驗可以有效地改變腦內的構造。想要不老，必須終身都要做這樣的練習，持續不斷地練習看、練習聽、練習說，讓自己的身體不會衰退生鏽。特別是那些老鳥們，必須練習聽的能力才行，這樣當身旁默默出現老鳥時，你才有能力詢問他們：「要教您不老的祕方嗎？」

註 5　金衍洙《小說家的工作》，文學村（2014.4）

螢幕的祕密

到底誰在偷懶？

一個是工作業務用

一個是kakaotalk社群軟體用

上班族的無限循環數學題

到底想要怎樣？

這是哪裡出了問題？

應該是「不要遇見你就沒事」。

最會什麼?

最會出一張嘴

那你……你最會什麼?

下列事項中,請選出洪科長最擅長的事情。

1. 分配工作
2. 人事管理
3. 轉嫁責任

想喝什麼不會自己弄

忙到泡咖啡都沒時間？

你想喝什麼不會自己弄

為什麼只有這個時候是「我們」

只有在你想喝東西的時候

這個時候才會用「我們」裝腔作勢

加班

請不要演戲裝認真

同一時刻，金科長家

中午要叫什麼來吃？
想吃什麼自己決定想清楚

猜猜我想吃什麼？是這個嗎？

選選看要吃什麼
我們想各吃各的

就各吃各的！

職場生活護身術

好好說話

職場生活護身術

沒有人在講「刀退」不是嗎？
應該說「準時上班」、「準時下班」才對，
請使用正確的詞彙。

Kakaotalk社群媒體
下班後不回工作訊息

我們先回去了。

喔？要走啦？
看來業務量不多的樣子？

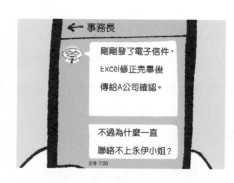

← 事務長

剛剛發了電子信件，
Excel修正完畢後
傳給A公司確認。

不過為什麼一直
聯絡不上永伊小姐？

오후 7:00

現在在地鐵上，
等等回家
馬上做。

靜音狀態

下班後不看kakaotalk

65

Kakaotalk禁止法

　　資方在本法規定之工作以外的時間，不得以電話（包含行動電話）、簡訊、社群網絡服務（SNS）等各種通訊方式，下達業務指令，侵犯勞工私領域之自由。

　　雖然「諸如此類保障勞工私領域事項，勞動基準法設有嚴格的保障」，但這都只是希望事項。而二〇一六年起倡議的下班後「kakaotalk禁止法」（勞動基準法部分修正案），目前還躺在韓國國會。

　　對比法國於二〇一八年通過施行的「離線權」（right to

disconnect）法案，雖然這部法案也是宣言式規範，但站在必須保障勞工私領域，引起社會共鳴這一點上，確實具有鼓舞的作用。實際上各企業的情況是如何呢？歐洲部分企業若在上班時間以外收到公司來信，會刪除該信件；再者，下班後，業務用電話的電子信箱功能就會中斷，直到隔天上班前三十分鐘，才會重啟服務。

在韓國，kakaotalk 禁止法的立法，看似是急迫需要討論的課題，然而本質卻不太相同。如果能夠認可勞工有離線權、公司內部設有保障勞工私領域的相關設備，kakaotalk 禁止法就不會那樣急迫，所以最終還是企業的意志問題。

週末
不要煩我！

年度所得稅網站

咦!不能印？

逼～逼～逼～逼～

逼～逼～逼～

花兒小姐，
影印機的紙沒了，
是放在哪邊？喔!好!好!

往事務區走過
去就會看到

掛

阿哈!

我說星期一的那個會議啊，
原本是上午十點，
可以改成下午兩點嗎？

親愛的，電影快開始了。

…是

週末就不要這樣。

勞動基準法有這個？

「勞動」，意指精神勞動與體力勞動。

為什麼業務上的壓力不被認可是職業災害？

勞動條件由勞資雙方在同等位階，依據各自自由意志訂定之。

為什麼總是勞工受害？

資方不得以性別為理由歧視、亦不得以國籍、信仰等社會身份為由，以作勞動條件之歧視。

為什麼職場內的性別歧視依然如此多？

勞方不得以暴力、脅迫、監禁，以及其他精神或是肉體上拘束自由之不當手段，違反勞方自由意志強迫其勞動。

那非自願加班是什麼？這不算強迫勞動？

週末爬山
週末時間我想留給自己

嗯……週末可以去的地方
特別有印象的地方是
小白山、海釣、射擊場這一類？
特別是常會去京畿道的度假別墅
哇！週末可以跟家人到處玩不簡單耶，
您真是愛家啊！
什麼？您是說都是跟公司同事一起去的？

節日禮盒

不是說好一個人一個？

不是說好了「一個人，一個」……

不要省略主詞

把話說清楚

不要省略主詞

當上司沒有說出主詞時，可以這樣應對
不要回問是哪個，而是直接問：「是指什麼呢？」
不要回問是否是哪個，而是沉默地看著上司，直到他
明確說出口。

愛管閒事

有那麼多時間不如管好自己的工作

工作堆積如山

日萬先生

吃個飯,慢慢做～

我剛吃完
部隊鍋回來。

金科長!現在孩子幾歲了?
有保母幫帶嗎?

孩子都給別人帶,
該怎麼辦啊。

阿你咧

何時可以做到領的月薪等級？
那你呢？

我的月薪等級昨天說過了
現在該說你的月薪等級了吧！

奠儀

我的心意請讓我自己決定

嗯？有問題，

三百是什麼啊！

我自己知道該怎麼做。

懸浮微粒

我想回去休息

要去你自己去

按摩

公器私用母湯喔！

不久後

拜託

工作以外的私事就是一種負擔

日萬先生，現在在忙嗎？

不忙，請說。

我週末換了手機，之前幾個常用的APP要重新下載……你現在在忙嗎？

忙的話就沒關係～

是什麼APP呢？我幫您下載。

嗯～就是

Kakaotalk
Naver
Daum
Korail
手機結帳
導航
新聞
還有……

20分鐘後

都弄好了。

果真是年輕人，一下就都弄好了。

可是還有幾個也要下載～

嗯～就是負擔。

那不是拜託，是作威作福？

　　業務上具有上下關係，上司與部屬間的「拜託」可以嗎？不論是多麼小的拜託，只要是上司的拜託，對部屬來說都如同吩咐，不管是拜託部屬按摩、子女留學、升學諮詢等等的行為，都是利用身為上司的優越職權，對部屬作威作福。

　　一位在外籍企業工作的朋友，就曾經在上司的拜託（應該是半強迫命令）之下，幫上司的小孩改過幾次英文作業，明明內容寫得亂七八糟的，朋友連改都沒辦法修改，只能鬼遮眼地說：「寫得很好、很棒、沒問題。」而在中小企業工作的朋友，也曾經被上司拜託過類似的事情，雖然令人討厭的上司屢次強調「這不是吩咐，是拜託」，但朋友的想法卻不是這樣（當然他無法說出口）。

社長的拜託不就是吩咐，搞什麼啊？

　　還有比這個更嚴重的事情，公益團體作威作福 119 選出「大韓民國最作威作福大魔王」的內容，相當多樣化，甚至於會讓人覺得這樣做真的可以嗎？這類千奇百怪作威作福的事情，有要員工幫忙到別墅餵別墅裡的雞跟狗飼料的會長、要求公司清潔工到家裡打掃的部長、要求到家人營運的餐廳幫忙生炭火的社長等等，這每一項都不是合理的拜託。因此，當你懷疑上司是提出私人的拜託時，「這是拜託嘛？這應該是不當的吩咐、作威作福吧？」

順便買1
我不是你的跑腿

沒手沒腳，連良心都沒有，你是還有什麼？

順便買2

使喚別人又小氣有事嗎？

人性終結王

分期付款
我想怎麼花薪水關你屁事

那時真的很抱歉

　　二〇〇八年年底，為了成為記者，而投入職場的我，成為了禽獸。經歷四個月的「實習」，已經習慣整個過程就如同禽獸的「獸」般生活，可以笑笑地稱呼自己是禽獸。每天的工作很單純，就是在警察局的記者室吃睡，將我所負責的區域所發生的所有事件、案件通通記下來。午夜時從公司出發到警察局（這究竟是上班還是下班我到現在都還搞不清楚），每兩、三個小時就要向帶我的前輩報告即時的採訪內容，大致對話如下。

　　實習記者金孝恩，現在在 OO 警察局，要報告目前為止的事件、案件消息。

　　喔！說吧！

　　今天早上八點左右，OO 站附近文具倉庫失火，大約一小時左右完全撲滅，幸好沒有人員傷亡（就在很開心地認為沒有發生任何失

誤的簡單報告完畢之際）。

　　所以新聞的核心是什麼？

　　啊？（就沒有人員傷亡，是要找什麼核心啊～當時的我是這樣
想著）

　　不是應該要有核心嗎？上班時間地鐵站附近失火的話，你覺得
會怎樣？不會有避難人潮騷動嗎？那不就是核心嗎？

　　啊！是的！是！對不起……

　　喂！你這個 XX，是不會好好做事嗎？

　　這個對話還算是健康，在什麼都還不清楚、不知道的實習記
者的訓練過程中，被罵是常態、沒有什麼人權。一天大概只睡個
兩、三個鐘頭，連洗澡都要帶著手機，戰戰兢兢的就怕前輩隨時會
打電話過來。不是前輩人很惡劣，而是師徒制訓練，又稱為「新記

者養成過程系統」有問題。不過一年之後，我也成為這個系統的一員，用同樣的方式訓練後輩新人。回首當時，實在不需要堅持用那種方式，不但無法判斷、終結錯誤的慣例，反而還完整呈現。還好二〇一八年七月，韓國開始施行「每週工作時數上限為 52 小時」制度，各大媒體業也逐漸廢除這樣的慣例。

最後是我的自白時間，我想對在我帶領下，辛苦走過四個月的後輩們說：

後輩們，當時真的很抱歉，讓你們白走一遭可以不用經歷的路，我真的很抱歉。

個人秘書？
你的腦子還好嗎？

我是你的個人秘書嗎？

給你的薪水真是浪費

可以休假？

讓我休假有這麼難？

那到底什麼時候可以？

沒有你，
公司也可以運作

　　幾年前因為身體狀況不佳，請了七個月左右的留職停薪休養假，那是在不斷請教前輩、請前輩提供建議，在深思熟慮之下所做出的決定。讓我猶豫不決的第一個理由是，萬一我留職停薪的話，原本屬於我的工作業務就會加重其他人的負擔；第二個理由是，怕對我的經歷會有影響，於是就這樣遲遲無法決定的時候，一位前輩直覺的一句話，讓我的煩惱徹底消失。

　　孝恩啊！沒有你公司也可以繼續運作！

　　！！！！！！！！

　　那位前輩平時很照顧我，我知道他不是故意要傷害我的自尊心，是要我不需要擔心因為我的留職停薪，造成其他人的負擔，業務調整是公司的事、不是我的事，而我因為那句話而安心不少。托前輩

的福，我所有的煩惱瞬間煙消雲散。

你現在只要想著身體健康，身體要健康，你才有可能工作或是做任何事情。

我立即申請留職停薪。七個月後回到公司，公司真的「沒有我也可以繼續運作」，顯示人們都過度擔心了吧。

可以留職停薪嗎？

可以休假嗎？

可以早退嗎？

可以下班嗎？

現在你可以收起那些跟隨問號出現的「不可以的理由」，那些事情是公司該負責的事情，反正要這樣做就不要看他人臉色，正當的行使自己的權利。畢竟，公司沒有我也可以正常運作。

管好自己的情況就好，可以嘛？

不要拖我下水

只說你自己的情況就好，可以嗎？

呃，我不是

特休理由

不關你的事

拜託，那又不關你的事！

是有這麼好奇喔？

好人、好上司

　　那天，是公司後輩最後一天上班，之前都很努力地不侵犯他個人的時間與空間，我認為那是具有美德的行為，卻也因此無法發展成深厚的友誼。但既然一起工作一年多、也一同用過餐，應該還是有累積一點點的情感（我個人是這樣想的）。不好空手送他離開，所以準備了一個小禮物，手寫了一句：「這段時間辛苦了，祝前途光明。」雖然還想多說點什麼，留下個好人的印象，不過話總是說不出口。想起前輩說過的話。

　　你知道比起當好一個記者，更重要的是什麼嗎？是成為一個好人。

　　閱讀了金敏燮作家以代理駕駛經驗談寫成的《代理社會》（註6）時，讓我重新思考好人的定義。根據金作家的說法，坐進他人的駕

駛座的「代理人類」，就像被限制在一定範疇之內。 但是，一句溫暖的話、一雙溫暖的雙手，就能讓代理人類找回主體，而所謂好人就是這種人。公司的辦公室空間中，也會有這樣的好人。

比如說：

孝恩啊，家人手術很順利對吧？我會一直為你跟你的家人祈禱。你應該很辛苦，現在有好一點了嗎？

這樣的說法，跟那種批判他人生活的多管閒事不一樣，就是好人的說話方式。

既然提到這部分，就說一說好上司的話題吧！常常有讀者問到：「韓國真的沒有好上司嗎？」好險，我還能想起幾張臉：不催促等

待結果的 A 上司、分配業務很棒的 B 上司、持續提供動機的 C 上司、為我擋下最終決策者不合理指示的 D 上司、知道要負責任的 E 上司……我想這些上司都讓我能夠專心致力於我的工作業務,都具有好上司的資質。

「三憂室」漫畫的讀者留言中,偶爾也會出現這樣保證的話。

當我成為上司時,絕對不會變成那種老鳥。

我想,那些人成為中階管理階級時,可以為許多跟我一樣的未生們注入一股溫暖,就各自奮鬥吧!

註 6 金敏孌《代理社會》wiseberry (2016.11)

可以敏感一點

CH.3

KTV包廂

把我們當什麼啊?

今天女生們辛苦了，
剩下的錢
就給你們吧！

對啊！托妳們的福，省下
一筆伴唱小姐的錢～

什麼啊！
是把我們當成…

那個，代表

您還真像
某三星企業的會長啊～

我本來就
比較大方一點。

顆顆

…

你今天
辛苦了

是聽不出來這不是稱讚，還笑成那樣！

沒有加害者就沒有被害者

每每遇上這樣的事情，女生能做的就只有咬緊下唇而已。

2018 年 1 月 29 日，徐志賢檢察官在「檢察官內部通訊網 E-pross」上傳一段文字（註 7），控訴其遭受性暴力的事實。如同徐檢察官，只能緊咬下唇、內心憤恨的受害者人數，難以估計。唯一確定的是，我也是其中一位。

那是不久前的事情。記者駐點處相關人員與記者的一場酒席會後，去續攤唱歌。在 KTV 包廂裡，有人叫來兩位陪唱小姐，現場除了兩位陪唱小姐外，就只有我一位女生。至今我依然清晰記得的場面之一：一名不知道是主動抱住伴唱小姐、還是需要伴唱小姐攙扶著才能站著唱歌爛醉如泥的男子；場面之二：記者駐點處相關人員不知道是興致來了還是怎樣，居然瞬間脫下褲子，他的同事驚慌失措之下，連忙把脫到地上的褲子拉起來，拖他出去丟上計程車。一團亂之中，散會。

還有另一個與記者們相處不錯的記者駐點處人員，就是手的習

慣不好。跟人對話時，不是喜歡磨蹭別人的前臂、就是拉人的手，不僅對我如此，他根本就是慣犯。當時我覺得不能再繼續這樣下去，就正色對他說 ：

您再這樣下去，我會告發您性騷擾、性暴力。

他沒有回答，反而給我一抹微笑。不久後，我因為定期的人事異動轉換到其他記者駐點處，所以再也沒有與他面對面的機會。但我始終很好奇他那一抹笑容，究竟是什麼意思。（是知道自己錯了，還是只想逃避）

「me too」運動如火如荼之際，公司曾邀請以性教育專家著名的關係教育研究所所長孫靜宜來演講。當時，我記下預防性暴力的一句話，如今再次讀來，依舊是一句名言。

沒有加害者，就沒有受害者。

要預防性暴力，只要加害者沒有做出有問題的行為即可。萬一加害者行為越矩，加害者的上級就必須出面制止。若上級默不出聲，周邊的同事來制止即可。讓性暴力的受害者直接出面（採集衣服上的指紋、或是確認目擊者的證詞等等），必須是最後的手段。

性暴力受害事件發生時，所有人都站在選擇線上，加害者是否有性暴力行為、目擊者有否阻擋，若每個人都能做出正確的選擇，不要有所延誤的話，性暴力就能夠確實地減少。

顏值
管好你自己的臉

不批評他人的臉蛋，你的日子就不知道怎麼過是吧？

身材

要不要先照照鏡子？

不批評他人的身材，你的日子就不知道怎麼過是吧？

歐巴

把我們當什麼啊？

第二攤 啤酒屋

呃?那個……多一個妹妹當然好啊。

喂!哪有人自己把雞腿都吃掉的,也給我啊!

咦?

我都這樣跟我哥說話的啊!

還真有臉說「歐巴」!

叫什麼歐巴

就是有人喜歡在電話，提起想聽對方叫他「歐巴」。

所以，你什麼時候才要叫我「歐巴」？

平時相處愉快，所以笑笑帶過，但是當對方不斷地「歐巴」纏人時，就會開始覺得有點生氣。業務上認識的關係，根本沒有必要稱呼對方歐巴，又不是兄妹關係、也不是情侶關係，叫什麼歐巴！我忍不住笑著反問：

歐巴是哪種歐巴？還真有臉說歐巴！

從這個人之後再也沒有聯絡的情況看來，這樣的回應方式確實具有衝擊性效果（要不然是想怎樣？）

水果要女生切？

在傳統的父權主義下，這一題是屬於被通融的命題；因為女性要負責家事勞動，所以這是女性的工作；女性的熟練度會比男性更好，因而在那樣的時代背景下，會有「水果就是要女生切」、「女生切水果的樣子最漂亮」的刻板印象。但如今時代已經不同，女性也參與經濟活動，家事勞動再也不是女性專屬，但依然處處可見沒有隨著時代變化的舊時代思維。

這是我一位在公家機關工作的朋友所經歷的事情。

辦公室來了一箱水果，讓整個辦公室為了誰要切水果而陷入混亂。一位中年男性公務員，指著其中一位約聘的年輕女職員，要她去切水果。就在這個時候，一位二十幾歲的男性公務員突然說：

我來切吧～

此時，那位中年公務員板起一張臉指正那位男員工說：

你給我坐下來，水果就讓○○○（那位年輕女員工）去切！

　　就不能想吃水果的人自己切來吃嗎？如果大家都想吃，就不能
讓最會切水果的去做嗎？面對這種不明事理的人，就只能以行動來
反擊了！請看下面一段。

水果要誰切？

為什麼是女生？

哈！一起來吃吧！

花兒小姐！

廠商那邊送來一箱蘋果，
我放在備品室那邊，
要吃的人自己去拿。

啊?喔！好…

現在正在忙說

我來我來～

來!請享用!

115

金科長的故事1

職業婦女的心情

上班前

金科長
一點都沒有大嬸味，
任誰看都覺得還是小姐。

還是很漂亮！

兩年前

真的有
生小孩嗎？
身材還是
一樣啊。

搖～頭～

嘆～氣

代表！
契約書的部分
請快點裁示。

不要說這些
有的沒的！

上次沒辦成的聚餐，
就今天如何？

下班前20分鐘

大家都沒問題吧？

可以事先說嗎？
我老公今天會晚一點，
我要早點回去顧小孩。

就是這樣
才覺得女生…

嘖嘖

金科長的故事2

職業媽媽的日常

幾天後

常務!

這個專案是我負責的,為什麼突然交給洪科長?

怕你太辛苦,所以刻意幫你減輕壓力,反正你要帶小孩也不能加班不是嗎?

我用上班時間就可以充分完成。

那Miss金你自己去跟洪科長說吧!

又來了!又叫我Miss金!

極限工作，職業媽媽。

119

職業婦女的故事1

　　在記者駐點處完成工作，正準備下班之際，居然又出了一條新聞，我內心想著：「為什麼偏偏是這個時間點。」也有點埋怨發出這篇新聞的他社記者。為了確認這條新聞內容，我打電話給記者駐點處的公告負責人，不過他沒接電話，可能也還在確認新聞報導的真實情況，最後因為聯絡不到，我只好先回家。一回到家，三歲的女兒整個黏住媽媽我，此時回電響起（為什麼偏偏是這個時間點！），只好把女兒從身上拉開，躲進廁所、鎖上門。

　　記者您好，剛剛很不好意思沒接到電話。

　　沒關係，你應該也知道，我是想確認（嗚啊～）那條（媽媽～）新聞（敲門聲）……很抱歉，是我的孩子…

我爬上馬桶、盡量靠著窗邊講了，孩子發出的聲音還是聽得一清二楚，根本沒有用。最後，我只好打開擴音繼續通話，不，應該說是走進負責人、我、小孩的三方通話現場。

　　請問，所以事情是這樣、那樣對吧？（媽媽！你看這個！媽媽媽媽媽媽，你看！）你可以安靜一點嗎？不好意思您請說？

　　啊，是的，是那樣沒錯。

職業婦女的故事2

　　懷孕的時候，被說什麼「不像孕婦」。等到育嬰假結束要復職時，又問我 :「真的有生過孩子嗎？」那不是稱讚好嗎！像孕婦是什麼話？不論肚子多小、多大，有變胖沒變胖，統統都是孕婦的模樣！你們有什麼權利評論懷著一個生命的人的身體？到底「懷孩子的身體」應該是要怎樣？如果不是要在懷孕的時候說聲「恭喜」、復職的時候說聲「歡迎回來」的話，就請不要開口說話，我的身體不是你議論的對象。

生理假

只有你可以生病嗎？

常務！！

看是要拍照傳給我，
還是讓同為女性的
金科長確認。

幾天後

哎唷～肚子啊～
一直拉肚子，是腸胃炎嗎？

我早退，
如果代表問起的話
就說我腸胃炎去看醫生。

那個，常務！

您應該需要這個

採集糞便袋
↓

可以給我們看糞便嗎？

124

怎麼那麼剛好我是第一個

2011 年左右，男性上司知道有生理假，所以積極鼓勵我們使用。在那之前，空有生理假的名義，卻沒有實際的作用。不過既然是公司前輩、又是直屬上司的鼓勵之下，怎麼能不用呢？所以我詢問了一下相關部門負責人，確認生理假的程序，結果回覆的內容讓我有點緊張了起來……

目前新聞中心還沒有人請過生理假，所以我也不清楚，我先確認一下再通知您。

好……好的。
（為什麼偏偏我是第一個！第一個啊啊啊！！！）

於是，我成為我們公司第一個請生理假的女生。
（這份光榮要獻給我跟我的上司）

各位準備挺住

　　這是我們公司「大姐」的故事。1993 年入社的前輩,當年僅有兩位新進的女記者,大姐是其中一位,另外一位女記者離開公司之後,前輩是唯一一位女記者,直到十年後進來一位女記者之前,該位前輩獨自一人在以男性為中心的組織文化中工作。在那換、不換、好像該換的組織文化中,一人獨撐了 25 年,應該可說是「死撐」的勝利。

　　這是前輩於文化部出入時的事情。一般記者一年會輪調一次駐守地,這樣所有記者才能熟悉各個場域的狀況與習得相關經驗,但因為他一次都沒有輪調過,所以他詢問了上司。

我想離開文化部,到其他駐守地去做看看。

那文化的消息怎麼辦？文化的消息就是要女生來做，男生要怎麼做。

當時不論是政治、經濟、社會新聞等等較沉重、慎重的新聞報導，都是男記者的工作，相對來說，軟性的新聞，電影、公演等等文化消息，很自然的就歸給女記者負責。在那個男尊女卑的時代，記者是沒有「女性樣貌」。

經歷了數十年，今日前輩是早晨新聞的主播，那是史無前例的事情，應該也是他經歷 25 年的忍耐，得來的成果。我翻了字典才找到「挺住」這個詞，真的是意味深長呀。

不論周邊情況，動也不動、牢牢抓住。

這真的是相當具有未來意義的用詞，是這樣的意義……

大家，請咬牙死撐著！挺住就能改變這世界！

職場生活護身術

CH.4

遲到
假認真噁心

那天清晨，
我看到最正直的遲到

　　說到遲到這件事情，我就想起擔任實習記者那時，按慣例，我們會在警察局記者室睡到凌晨三點半左右，接著採訪四個警局點，大約凌晨五點回報。有時忘了設定鬧鐘，可能會睡過頭，但也沒有什麼好擔心的，因為稍稍累積了點經驗，少去一間警局，還是可以假裝去過給回報。

報告一下 OO 警局的情況

是的，沒有什麼特別的情況

　　就在所有實習記者都有自己的生存法之際，發生了「那個事件」。有一位同期因為睡過頭，報告時間沒回報，所以帶他的前輩直接打電話過來。

喂！你在哪裡？

（！！！！！！！！！！！）在……在棉被裡。

什麼？哪裡？

○○ 警局記者室的棉被裡，對不起！

　　那天那位同期被他帶他的前輩狠狠地罵了一頓，然而他的正直卻獲得極高的評價。

誰要犧牲？

年紀不是唯一標準

那誰要犧牲？

都是年紀最小的在犧牲。

COFFEE
你以為不用錢嗎？

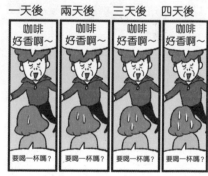

我的東西不是公共財

　　每每看到自己的東西變成公共財，都覺得很荒唐，我還情願有來問我：「我可以用一下嘛？可以借我一下嗎？」之類的，我還比較甘願一點。有一天到公司，發現桌上的滑鼠不見了，我找了好久～好～久～，還跟隔壁同事說：「我該不會是放在家裡吧？」突然有人朝我走過來，那是昨晚值班的前輩。

我借來用了。

　　然後就這樣把滑鼠遞給我，轉身就走了，我為我找了三十分鐘的時間覺得委屈。（是不會留張紙條嗎？浪費我三十分鐘的時間！！）

　　不只是滑鼠，好好放在我辦公桌上整理箱的手機充電器，也會

在隔天上班時找不到、藏在抽屜的刮鬍刀也會大喇喇地被放在桌上；甚至原本放在 A 區的室內拖鞋，會出現在 B 區（很久之前我穿過一次別人的室內拖鞋，不過後來發現那是沒有主人的室內拖鞋，總之我有反省）。看到社群網絡上，許多人都有偷偷地、私下拿別人東西來用的習慣，撰文的人很生氣地說：「我就是不想跟你共用！！」其實就衛生上來說，我百分之百覺得撰文者的主張是對的，不僅對人、對他人的物品，真的需要有禮節才行。

便當

自己不會去買嗎？

花兒的便當

雞胸肉

小番茄

沙拉

拌牛蒡

豆飯

泡菜

永伊的便當

魚

啊？我有聽錯嗎？

只要量多一點就好，那就拜託你啦！

怎麼辦？看起來應該是真的要你…

...

隔天午餐時間

永伊小姐，今天我的便當菜色有什麼？

我準備了我最愛的菜。

哇哇！一定很好吃！

好吃的飯！

群組聊天室1

不要推銷我

抓～抓～

老公！只要再三個人，就可以拿到300%的抽成，可以獲得去東南亞旅行的機會。

隔天

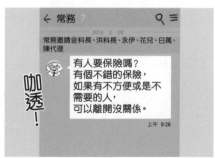

咖透！

← 常務　7　　　　　Q　≡

2018 2 28

常務邀請金科長、洪科長、永伊、花兒、日萬、陳代理

有人要保險嗎？
有個不錯的保險，
如果有不方便或是不需要的人，
可以離開沒關係。

上午 9:28

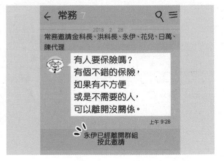

永伊已經離開群組
按此邀請

群組聊天室2
必刪的訊息郵件

永伊小姐超帥氣的，對吧？

常務真的是瘋了，怎麼會在公司賣起保險咧？

總是要顧及一下員工的想法，不要在群組對話做那種事情。

是！遵命！

← 常務 7

2018 2 28

常務邀請金科長、洪科長、永伊、花兒、日萬、陳代理

有人要保險嗎？
有個不錯的保險
如果有不方便或是
不需要的人，
可以離開沒關係。

上午 9:28

永伊已經離開群組
按此邀請

常務已經離開群組
按此邀請

○○○已經離開群組

當被邀請進入與工作無關的群組，邀請人是公司裡「職務較高的人」、還說是為了分享特定資訊，如果有任何不方便、或是不想要的話，可以退出沒關係。（既然知道會造成不便，就不該邀請才對）就在我決定先看看情況、再來決定要不要退出的當下，突然跳出一段訊息。

○○○ 已經離開群組。

Kakaotalk傳送事故
小心傳錯人

大家要小心。

Kakaotalk傳送事故
處理方法

　　如果把跟朋友抱怨「老闆很煩」的訊息，誤傳給老闆時該怎麼辦？電視節目曾公開過一種方法：因為時間已經很晚了，所以就胡謅成是老闆找自己，假裝成是朋友幫你寫道歉文，這樣一來，多數的上司都會當成沒看到。不過這個方法有一個缺點，雖然可以快速度過危機，但若上司屬於容易誤會的類型，就有可能折磨你。所以這時，反而正面攻擊為佳，只不過要找一個能夠說服為何「老闆很煩」的理由，必須強調這是不可避免的情況（就算沒有也要編出來）。

　　今天因為母親身體不舒服，所以要快點回家。可是聚餐一直不結束，本來是發訊息給姊姊，卻誤傳給老闆了，可能是我有點急，真的抱歉。

指甲

辦公室不是你家

金科長都已經嚴肅提過一次，
請他不要在辦公室這樣，
結果還是繼續那樣。

兩週後

咖拉～

咖拉～

嘎哈！

嘎哈！

噴～

噴～   彈～

噴～

彈～

單句評論

我真的不敢相信這世界有那種人存在。(t****)

真的無法想像公司會出現這種事情。(w****)

啊！真的也太兇險了吧！（m****)

核爆認同！我就是因為這樣離開公司的，呵呵呵。(n****)

那個聲音真的讓人很煩、很厭惡！（s****)

到底週末都在幹嘛？（k****)

這真的是完全沒常識的問題吧。(s****)

給那些會在辦公室剪指甲的人參考看看。

牙膏

為什麼要和你共用？

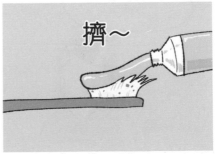

隔天

常務又用了
我的牙膏了吧

兩天後	四天後	十天後

什麼啊！為什麼
沒有經過他人允許
就隨意用他人的東西啊！

…

隔天

牙膏在哪裡？

常務！

都用完了

是我用過的…
您要用嗎？

喔！好啊！

來吧！盡情用吧！

個人快遞

我不需要幫你拿

永伊小姐！

要跑外務對吧？
是去虎虎購物？

是的。

虎虎購物一樓咖啡廳
咖啡真的很好喝，
你知道我的夢想
是什麼嗎？

就是在我們公司
這棟一樓開個咖啡廳，
讓我們的員工
可以盡情的享用！

但如果要這樣的話，我們公司要更努力、我也要更努力才行…

所以啊

你可以幫我去一趟江南OO不動產，拿回我公寓的契約？

我不是因為嫌麻煩才不自己去的。

那就拜託你了。

反正妳順路！

掰～ 掰～

一小時後

快遞！請問是具代表嗎？

是的，我是，這是什麼？

是不動產寄送的付費快遞，總共是三百七。

喔？啊！這裡是三百七。

一小時前

喂，您好，快遞嗎？

不要吩咐別人跑腿。

154

當遇上無禮又沒常識
的拜託時（上）

第三名：既然要去就順便吧？很快的？

第二名：叫一聲「歐巴」來聽聽看？

第一名：都結婚那麼久了，何時要想不開啊？（何時要生小

拒絕的刀（下）

第三名：

（回應幾次之後，對方還是繼續那樣的話）

回他：「我很忙，有點困難。」直接拒絕請託。

第二名：

反駁回去：「還真有臉說叫我歐巴啊！」

（然後後續就斷絕聯絡反正也不是我的錯）

第一名：

堵住他的嘴巴。

報告

要不要一次說清楚？

週末電話

你說咧？

永伊家

一定要這樣犯賤活著嘛？

　　有位讀者提供一個很棒的方法，週末接到上司打來的電話，就把手機丟進鋁箱裡，箱子會收不到訊號，就會自動掛斷，對方也會以為是單純的手機沒電。我自己也在家實驗看看，結果真的很驚奇，電話響了之後，不到五秒就自動掛斷，我上網查了一下發現，這跟進電梯就斷訊的原理一樣。讀者強調，雖然內心感覺到「我一定要這樣下賤活著嗎？」但是「犯賤活著」跟「週末被打擾」相比，這不過是小菜一碟，不是嗎？

耳機

你有沒有搞清楚狀況啊？

幾天後

澡堂

辦公室在哪裡？

看來又跑去澡堂了，
為什麼總是上班時間去…

隔天

趙常務去哪裡了？

他說有急事的話，
打這個電話找他。

您好！
這裡是
皇帝澡堂。

趙常德客人，
您的電話。

喔？是誰呀？

還會是誰。

放屁

要放出去放

每天聽到放屁聲音的上班族的兩行詩

放 ：防音牆請設置一下

屁（귀）：耳朵（귀）被汙染

吃飯禮節

我不想和你吃同一鍋

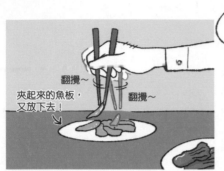

翻攪~
夾起來的魚板，
又放下去！
翻攪~

大家一起吃的食物
居然這樣翻攪，
真的是。

還說什麼
反正邊煮邊滾邊吃，
所以都有消毒。

在講
什麼鬼呀！

不久後

常務，您要直接吃嗎？
那我先舀一點吃。

我也要

不過，永伊小姐
為什麼戴口罩呢？

咀嚼~   咀嚼~

啊！那是因為

我感冒鼻炎
的關係。

吸~

吸~

怎樣，是不是很悶啊？

清空別人碗裡的食物這件事

　　在公司值班的那天，晚餐叫外送，不論是年資高、年資普通，都會圍繞著新人一起吃飯，我發現每一位上司用餐後的習慣都不太一樣。有把湯匙筷子放進便當盒，沒有蓋上就離席的上司、有只蓋上蓋子就離席的上司、有把便當蓋蓋上放進塑膠袋裡的上司，身為新人應該最喜歡後者，不是覺得整理很麻煩，而是感謝他懂得尊重，沒有把我當成「雜物處理人員」，擁有對等觀念的人，值得尊重。

燒肉
給很會烤肉的人烤就對了

十分鐘後

我會認真吃的。

衣服
美醜不分年齡

永伊小姐買新衣服了嗎？
那是○○牌的對吧？

那間的衣服很好喔？
我還是學生的時候，
最喜歡穿那家的廉價衣。

幾天後

同一件衣服、
不同顏色

代理！
遠遠看，
我還以為
你是「學生」耶！

毀謗

怎麼不先自己照照鏡子

午餐後

下班

所謂毀謗…

你該照照鏡子吧你。

177

進口車

可以不要搭嗎？

室內停車場

日萬先生，你怎麼可以這麼大力！好好關門，要這樣關！這樣關！

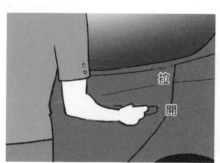

永伊小姐要先吸一下鞋…

室內拖

怎樣？就很麻煩啊！

過猶不及

〈進口車〉那篇漫畫在網路發表時引起了留言筆戰，衝突的意見是：「上司真的很怪！」以及「搭車禮儀本就該如此吧？」

如果要這樣給臉色看，一開始就不要說要載人之類的，平白給人壓力啊！

本來搭別人的車就是要稍微清一下鞋底、也不能用力關門，這是禮貌！

兩方說法都對，但「從什麼時候開始用空氣壓縮機清鞋底，變成搭車的基本禮儀呢？」有位讀者提出這樣的意見，我的想法跟那位讀者一樣。（甚至還有人脫鞋上車）

看著原本是好意、卻視過度的要求是理所當然的人們，就跟「我是特地買給你吃的，為什麼你不快點吃、還吃這麼少？」的指責一樣（欸！不就是你覺得好吃嗎？）所以那根本不是為他人著想，而只是為了滿足自己的慾望，與其這樣還不如不要這個好意。這種為了爭面子的好意，根本不是心甘情願的。

想説的話，就説！

CH.5

喝酒場合

請不要在下班時間打電話給我

星期五夜晚

我跟朋友在打賭！
各自打給自家公司的女員工，
賭十萬「不接電話」！

朋友說要把打賭的錢先給我，
所以我還是有勝算！
你現在可以過來一下嗎？

很抱歉！有點困難！
您好好玩，回家小心。

星期一

那個！科長！
如果不是業務上的事情，
請不要在深夜時間打電話！

呃？那個，我只是想說
可以照顧一下花兒小姐。

這孩子怎麼突然這樣？

下次請不要這樣，
拜託您了！

…

花兒小姐，做得好！

183

好好説出想説的話的方法

　　日本心理學家內藤誼人在其著作《不被看扁的對話法》（輕く
扱われない話し方）（註 8）一書中提及，當他人提出遇到令人困擾、
不喜歡的要求時，要明確拒絕。然而，因為我們認為「拒絕，會讓
對方顏面盡失、心理產生挫折，進而受到傷害的行為」，所以大家
都覺得要提出反提案來拒絕，才能減少對方的劇烈反應。

　　上班不到五年，我因為過於明確表示拒絕，曾經感到後悔，所
以很清楚拒絕方法的重要性。當時我在內部通訊網中上傳一篇文章，
嚴厲批評業務指定很沒有效率，不僅引起前輩大發雷霆，連我自己
都覺得我很難說明我這樣做的正當性（究竟當時我的額葉是發生什
麼事？），明明這件事情可以透過對話解決，結果我那樣做反而出
現反效果，完全沒有人站在我這邊。

　　現在的我，經過一段時間的努力之後，知道如何適當揉合想說
的話、與對方想聽的話，當我想獲得什麼時，我會這樣說。

1、說出我想要的。

2、說對方想聽的話。

大致上就是這樣的方式

1、我這次休假要請兩週。

2、但是我會在休假前完成我負責的工作，待我充電回來會更加用心。

前述提及，當你要休假的時候就不要看他人的臉色、正當的使用自己的權利。但若還是覺得有點要看別人臉色的話，就可以用這個方式，讓自己內心平靜。

註8 《不被看扁的對話法》（輕く扱われない話し方），弘毅出版社 （2018.3）

各做各的事

做自己該做的事

我的事我做、你的事你做。

我們都成為「真相爆炸機」

　　是有多嚴重，才會讓金火花作家寫出《因為被一些沒禮貌的混蛋惹到，因而寫下的生活禮儀》這樣一本書。我在翻閱目錄發現，這本書是在講家庭與公司需要遵守的禮儀（Etiquette）。不過禮儀一詞的語源相當令人玩味，是從古代法文的動詞「固定、黏貼」（estiquer）而來，更精準地說是「在樹木上貼上標示」，這是禮儀一詞的本意。會有人隨意闖入法國皇宮的花園，毀損莊園，所以莊園管理人想到的方式就是，貼上這些指標。

　　禁止出入 ：請勿進入。

　　禮儀是希望對方不要隨意毀損庭院，知道尊重。
　　然而在職場生活中，就是有人會逾越那條界線，過度關心的「(愛管閒事) 雞婆」，就是最具代表性的一例。「怎麼不談戀愛？」、「為什麼不結婚？」、「為什麼不生小孩？」在他們的眼裡，認為我

不做這些應做的義務，所以不知不覺就把我當成為罪人（疑問的失敗者 zzz），卻不知道他們濫用上司職務作威作福，毫無顧忌地吐出的一句話，會給他人帶來傷害。

內藤博士《不被看扁的對話法》（輕く扱われない話し方）一書中建議，若是覺得受到傷害，就不要笑，連無心的微笑都不要出現，當你聽到無理的話語，一定要反擊，才不會再次聽到討厭的話。我介紹一下生活上會用到的應對方法，這是來自「三憂室」讀者的實際案例。

某某人更厲害，讓厲害的人來做的話，效率會更好！

那我可以拿更高的薪水囉？

最近沒什麼工作很閒，所以薪水可以少拿一點？

那工作量多的時候，薪水也該多給一點對吧？

爾後這位讀者獲得公司社長取的外號：「真相爆炸機！」他在新進員工之間，如同教授地位般，獲得大家的敬重。（太帥了！我被圈粉了！）

膽敢惹「我」

我常常會有這樣的念頭：三十五歲的我，會不會憐惜地看著
二十八歲的我？如果我能回到二十歲，我一定會跟二十歲的我說：
「你不需要那樣。」

　　　　　　　—白洗嬉《雖然想死，但還是想吃辣炒年糕》(註 9)

可以不用為了未來犧牲現在的話，該有多好？總之，我們就邊
享受符合我們年齡的人生，邊愛自己。

　　　　　　　　　　　　　—TvN 戲劇《金秘書為何那樣》

我二十四歲進入職場，體驗職場的一切至今是第十一個年頭。
我認為我沒有因時間的累積而更堅毅，反而變得更柔軟。當我決定
要馬馬虎虎過生活的那一刻起，曾經緊張的心情就此緩解。曾經將
一年切分成 365 天做出明確計畫的我，領悟了我的人生不可能照著

我的計畫走，所以我才決定「馬虎過日子」。不過，當我冒出那些不單純的念頭時，卻出現了逆轉式的、好的、鮮明的開始。

啊！原來比起社會科學的書籍，我更愛看小說啊！

我以為我只喜歡新聞報導，但我更喜歡綜藝節目！

比起與人見面，我更愛自己一個人的時候。

　　我不吃泡麵，為什麼？因為好吃；不喝可樂，為什麼？因為好喝，明知好吃、好喝對身體不好，卻又嘴饞想要吃的關係，所以只好提早放棄不吃。我職場生活前半階段的生活就是這樣的感覺，「是記者的話，就該這樣回應」的想法，讓我忍著不做我喜歡的事情。

我想，我就借用白洗嬉作家書中那句：「不需要那樣。」（就吃一下泡麵是會怎樣！）

　　不要為了工作、為了職場犧牲自己，要像自己、像我們一樣，過生活，愛自己……愛自己會生出勇氣，你要知道，沒有比這個更棒的職場護身術。當職場上所有會發生的無禮、不正當、不舒服，最棒的職場護身術就是：「知道愛自己的勇氣。」要愛自己，才能正當的應對隨便對待自己的人。

　　哪個混蛋上司膽敢這樣對待「我」？我可是很珍貴的。

註9　白洗嬉《雖然想死，但還是想吃辣炒年糕》，痕獨立出版（2018.6）

永伊的故事

193

<u>後話 1</u>

讀者：社會新鮮人的我，覺得我自己的個性，無法像永伊一樣。

我 ：讀者可以一步一步來，漸漸地拿出勇氣，說出：「不可以就是不可以。」千萬不要因為一時的無法抵抗，而感到挫折。

讀者：最後一句話真的有打動我心，謝謝你。

不論是誰，都想成為職場的永伊，但其實這並不簡單。我也不是每一次都能做到永伊。有時我是花兒、有時我是日萬。但我在這段層層交疊的時間中，逐漸領悟到：如果不說出口，那就不會有任何改變。

法蘭茲·卡夫卡（Franz Kafka）曾為了讀者提出下列問題：

我所承受的是作威作福嗎？

這個時候，別人都是怎麼應對的呢？

若是如此，我該怎麼做呢？

截至目前為止，那些被視為理所當然的所有無理的行為，希望本書都已為各位丟出提問，希望這是好的開頭。

過去一年來，能夠成為永伊，我感到很幸福，還有以後也是……

2018 年 10 月

金孝恩

後話2

　　「因為是職場、因為是工作」，所以就算遭受不當對待，多數人還是會選擇隱忍，當我搜尋關鍵字「職場生活」時，總是會看到：「這樣是可以生氣的情況嗎？」、「是我太敏感嗎？」這類的文字。就算我敢在生活中處處為自己反駁，但遇上是上司的情況，我也會慌張、也可能會就這樣讓這件事情過去。所以看到有人提問說，「我是不是太敏感？我可以生氣？」這類的問題時，說真的，我確實感同身受。可能是我需要有這樣公開詢問的人，讓我能有一同憤怒的共鳴、能夠安撫我的悲傷。

　　「三憂室」集結許多人的悲傷和共鳴，每一篇插畫都會獲得無數「這根本就是我的故事！」明明現在的工作環境已經比以前好很多，為什麼還是有這麼多人遭受這樣的對待？

　　1990 年代曾以漫畫畫出女性上班族的現實，曾經是我很敬重的

一位漫畫家，日前因為在教壇內說出性騷擾的言論，因而公開道歉。所以當時所看到的問題，現在就完全沒有嗎？

為了證實當時的對，實際是錯的，我們要繼續努力，在改變的道路上，為了不成為老鳥，我們要懂得，既使是微小的錯誤行為，也必須感到羞愧、必須道歉。

本書出版之後，依然會聽到許多作威作福的事情，真的只能深深地嘆氣。希望那些被他人隨意對待的人，內心不再掙扎，可以做到像「永伊」一樣，我為每天都在辦公室看盡臉色的許多花兒與日萬加油！

2018 年 10 月
努力不成為老鳥的上班族 江仁晶

讀者推薦文

超寫實的職場生活大爆炸！
能夠讓閱讀本書的人，獲得緩解。

——sozo_0220

真想在上司的書架上偷偷放這本書！——idtheme

說出了不論是人際關係、還是職場生活，都不能當
無條件的善良好說話。對於無理的請託，如何處理
的人生護身術，盡在本書。一定要看！

——haneul_yjw

這是一本為了上班族、為上班族而存在的書啊！將
上班族的煩悶統統說出來！沒看的人肯定就是那些
上司們！！

——say1000425

日子過著過著會因為經濟因素，而可能有過成為蕃
薯、地瓜、蛋黃的經驗，此時就會覺得「三憂室」
你到底是……。這本書，真的是每一位上班族、每
一位社會人必須擁有的經典，因為本書是我們的消
化劑，真的很感謝作者！

——namhi2

這是一本在職場因上司而倍感壓力的人，都會有所共鳴的一本書，被舊世代惡習洗腦的人、依然將部下與奴隸概念畫上等號的老鳥，也必須閱讀的一本書。如果你看了這本書，不覺得「一定要這麼過分嗎？」、「本來就應該這樣不是嗎？」反而認為「最近的年輕人也太刻薄了」的話，請你認真思考你該丟棄那被扭曲的儒教思想，懂得尊重他人！我希望這本書可以讓許多人看到，特別是思想封閉、傲慢的老鳥們，希望大韓民國所有職場上司都要看這本書，我誠心希望他們都要看！

——areumdaum1

這本書讓我知道，我並不孤單，與我有同樣遭遇的人也經歷了不少這樣的事情，讓我能夠挺過今天。是讓我決定「我要更努力，日後當我成為上司，絕對不要成為那種老鳥」的一本書！

——kimgahye

希望那些說著「呵呵～我這樣算是很開明的上司吧？」的你，現在、馬上看這本書！

——tweetya_20

辦公室這個工作場所，我原以為只能忍耐，看了本書之後，我好像也成為了說出我想說的話的人。雖然說馬上改變很困難，但是我一點一點努力中。

——hhhhhh.rim__

這本書完全改變了就算遭受不當待遇也要忍耐的固有觀念，「你沒有錯！」、「敏感一點也沒關係！」真的撫慰了我，讓我深感共鳴。

——dal_ny

哇！內容可以畫得那麼真實真的不容易，這部作品簡直將我們社會的情況一一呈現，打開這本書之後，我廢寢忘食，那一幕幕場景簡直是我辦公室的實況，讓我一度錯亂！

——gogeonhui

問問看大韓民國公司們的水準，一定要讓他們看這本書！

——snoopy_go05

我與「永伊小姐」一同走過，感受他在職場生活的活力。看著永伊小姐的各項行動，我想我知道該怎麼做了。這是職場書中最棒的一本書！

——kimgamsa_joy

《未生》之後，你最應該看的書！推薦給想成為完生（完整人生）的人！職場生活不論年紀大小，都會是老鳥，無關資淺資深，都希望你因為這本書而有所領悟。不論是遭受不當待遇、或是害怕出現後果，這本書都給了我們說出想說的話的勇氣。我原本每天被拉去 KTV，但自從我說出我不喜歡去之後，我找回每晚屬於我的時間，自己的人生。這是自己創造的！願所有人都能鼓起勇氣，加油！

——samba_secret

我的職場生活分成看這本書之前、跟看這本書之後。如果覺得我很誇張，請你看看這本書，絕對讓你有煥然一新的感覺！

——iknow_h22

這是一本職場生活應對法，是為了社會新鮮人的書！無法適應新世代的上司們，也推薦你們看這本書，對你們會很有幫助。

——junghwa_p

大韓民國所有的上班族，請正正當當地提起「勇氣」！推薦你們看這本書，希望大家都能夠成為辦公室裡的「永伊」。

——hyelume

總是聽到「社會生活本來就是這樣」、「大家都是這樣忍耐過來的」，讓我的心差點生病，這本書解救了我，讓我能夠培養我的免疫力。

——u.uu.blu

三 ： 第三者看了會大笑的文字，然而這是
憂 ： 我們會遭遇的事情
室 ： 實際的事情

——cho_thegreatest

老鳥預防疫苗。　　　　　　　　　　——M****

參考文獻

P.31　許赫《我只是個公車司機》，suobook（2018.5）

P.50 「韓國社會職場霸凌狀況」，國家人權委員會（2018.2）

P.50、84 「大韓民國作威作福王」等，職場作威作福119（2018.5）

P.53　金衍洙《小說家的工作》，文學村（2014.4）

P.66 「社群網絡造成的毫無節制的勞動時間」（http://news.khan.co.kr/kh_news/khan_art_view.html?artid=201801112041025&code=990100），京鄉新聞（2018.1.11）

P.98　金敏燮《代理社會》wiseberry（2016.11）

P.106 「⋯⋯徐志賢檢察官，又是另一種性暴力的方式」、京鄉新聞（2018.1.30）

P.184、188　內藤誼人在其著作《不被看扁的對話法》（輕く扱われない話し方）弘毅出版社（2018.3）

P.191　白世曦《雖然想死，但還是想吃辣炒年糕》，痕獨立出版（2018.6）

療癒系 003
正面微笑、悄悄反擊，不受傷才能快樂工作

作　　者 金孝恩（김효은）
繪　　者 江仁晶（강인경）
譯　　者 陳聖薇
執行編輯 J.J.CHIEN
裝幀設計 急救小隊
總 編 輯 黃文慧
行銷總監 祝子慧
行　　銷 林彥伶、朱妍靜
印　　務 黃禮賢、李孟儒

社　　長 郭重興
發行人兼
出版總監 曾大福
出　　版 銀河舍出版
地　　址 231 新北市新店區民權路 108-3 號 8 樓
粉 絲 團 https://www.facebook.com/milkywaybookstw/
電　　話 (02) 2218-1417
傳　　真 (02) 2218-8057

發　　行 遠足文化事業股份有限公司
地　　址 231 新北市新店區民權路 108-2 號 9 樓
電　　話 (02) 2218-1417
傳　　真 (02) 2218-1142
電　　郵 service@bookrep.com.tw
郵撥帳號 19504465
客服電話 0800-221-029
網　　址 www.bookrep.com.tw

法律顧問 華洋法律事務所 蘇文生律師
印　　製 成陽印刷股份有限公司
電　　話 02-2226-9120
初版一刷 西元 2020 年 07 月
定　　價 380 元

國家圖書館出版品預行編目 (CIP) 資料

正面微笑、悄悄反擊,不受傷才能快樂工作 / 金孝
恩著；江仁晶繪；陳聖薇譯. -- 初版. -- 新北市:
銀河舍出版：遠足文化發行, 2020.07
面；　公分. --（療癒系；3）

ISBN 978-986-98508-1-0(平裝)
1. 性別歧視 2. 霸凌 3. 職場成功法
494.35
109007463

特別聲明：有關本書中的言論內容，不代表本公司／
出版集團的立場及意見，由作者自行承擔文責